Mike Ong

Probleme der Nafion®-Membranen in Protonenaustauschmembran-Brennstoffzellen und ihre Lösungen

GRIN Verlag

Bibliografische Information der Deutschen Nationalbibliothek:

Die Deutsche Bibliothek verzeichnet diese Publikation in der Deutschen National-bibliografie; detaillierte bibliografische Daten sind im Internet über http://dnb.d-nb.de/ abrufbar.

Impressum:

Copyright © 2014 GRIN Verlag GmbH
Druck und Bindung: Books on Demand GmbH, Norderstedt Germany
ISBN: 978-3-656-90425-0

Dieses Buch bei GRIN:

http://www.grin.com/de/e-book/293083/probleme-der-nafion-membranen-in-pro-tonenaustauschmembran-brennstoffzellen

GRIN - Your knowledge has value

Der GRIN Verlag publiziert seit 1998 wissenschaftliche Arbeiten von Studenten, Hochschullehrern und anderen Akademikern als eBook und gedrucktes Buch. Die Verlagswebsite www.grin.com ist die ideale Plattform zur Veröffentlichung von Hausarbeiten, Abschlussarbeiten, wissenschaftlichen Aufsätzen, Dissertationen und Fachbüchern.

Besuchen Sie uns im Internet:

http://www.grin.com/

http://www.facebook.com/grincom

http://www.twitter.com/grin_com

FACHARBEIT

Probleme der Nafion® - Membranen in Protonenaustauschmembran- Brennstoffzellen und ihre Lösungen

von
Mike Ong

Ricarda-Huch Gymnasium, Gelsenkirchen
Chemie, Wiengarn

2013/2014

Vorwort

Die vorliegende Facharbeit im Fach Chemie entstand in der Jahrgangsstufe Q1 in der Zeit vom Dezember 2013 bis März 2014 und musste aufgrund der neuen Lehrpläne angefertigt werden. Für die Verwirklichung dieser Facharbeit möchte ich mich bei allen bedanken, die mich bei der Fertigstellung dieser Arbeit unterstützt haben.

Zunächst danke ich meinem Betreuungs- und Chemielehrer Franz J. Wiengarn einerseits für die gute Beratung, andererseits für seinen lustigen aber auch informativen Unterricht, auf den ich mich jede Woche freue.

Weiterhin möchte ich mich bei meiner Biologielehrerin Janine Grabowski bedanken, die mir durch ihre guten Erklärungen Sachverhalte verständlicher gemacht hat; und sie hat mir geholfen, einige meiner Verständnisprobleme zu überwinden. Nur dadurch konnte ein Teil dieser Arbeit ermöglicht werden.

Auch danke ich meiner Physik-Leistungskurslehrerin Anika Ruhnau, die mir im Bereich der physikalischen Elemente, insbesondere im Gebiet der Elektrizität, unterstützt hat.

Ein letzter Dank geht an meinem ehemaligen Deutschlehrer Reinhard Ritter für die sprachliche Korrektur meiner Facharbeit.

Gelsenkirchen, den 05.03.2014

Mike Ong

Inhaltsverzeichnis

Abkürzungsverzeichnis

Brennstoffzellentypen

PEMFC	Protonaustauschmembranbrennstoffzelle
SOFC	Festoxidbrennstoffzelle

Bestandteile einer Brennstoffzelle

MEA	Membrane electrode assembly (Membran-Elektroden-Einheit)
GDL	Gas diffusion layer (Gasdiffusionsschicht)

Einheiten

EW	Äquivalentgewicht
ppm	Parts per million (Teile von einer Million) = 10^{-6}

Spektroskopie

SAXS	Small and Wide Angle X-Ray Scattering
SANS	Small Angle Neutron Scattering
USAXS	Ultra Small-Angle X-Ray Scattering
XPS	X-ray photoelectron spectroscopy (Röntgenphotoelektronen-spektroskopie)
FTIR Spektroskopie	Fourier transform infrared spectroscopy (Fourier-Transform-Infrarotspektroskopie)

Unternehmen

UTC Power	United Technologies Corporation Power

1. Einleitung

1.1 Einführung

Heutzutage steigt die Nachfrage nach elektronischen Geräten immer weiter an. Besonders mobile Geräte, wie zum Beispiel Kameras, Notebooks, Audio-Player und vor allem Smartphones und Tablets (z.B. Areamobile.de; Schürmann, 2013), gewinnen bei den Konsumenten immer mehr an Beliebtheit. Ein großer Unterschied im Vergleich zu anderen Endgeräten besteht darin, dass bei mobilen Geräten kaum noch Primärzellen (Batterien) verwendet werden, sondern Akkus (z.B. Sonderkamp). Diese haben die Besonderheit, dass sie mehrfach wieder aufladbar sind. Doch Akkumulatoren liefern nur für einen bestimmten Zeitraum genügend elektrische Energie, um ein Gerät zu versorgen. Die Spannung der Sekundärzelle nimmt ab, bis der Akkumulator seinen entladenen Zustand erreicht hat.

Die Lösung hierzu wie auch die Alternative zu Sekundärzellen ist die Brennstoffzelle, welche bereits 1839 von Sir William Grove erfunden wurde. Er baute eine einfache galvanische Zelle. Diese bestand aus einer Platinelektrode in Schwefelsäure als Elektrolyt, bei dem dem Anoden- und Katodenraum kontinuierlich Wasserstoff und Sauerstoff zugeführt wurde. Dieses Prinzip der Brennstoffzelle blieb sogar bis heute erhalten. Es werden nämlich an den Elektroden von außen kontinuierlich die Stoffe zugeführt und aus dem entstandenen Produkten wieder abgeführt. So können Brennstoffzellen zu jeder Zeit elektrische Energie entnommen werden (z.B. Duden Paetec GmbH, 2011).

Dabei unterscheidet man zwischen Niedrigtemperatur- und Hochtemperatur-Brennstoffzellen, die in unterschiedlichen Anwendungsgebieten verwendet werden. Dies hängt unter anderem damit zusammen, dass sich zum Beispiel mit Hochtemperatur-Brennstoffzellen wie der Festoxid-Brennstoffzelle (SOFC) höhere Leistungen bis zu 100000 kW erzielen lassen, wodurch sie eher in Kraftwerken verwendet werden. Dagegen liefern Niedrigtemperatur-Brennstoffzellen wie die Polymerelektrolyt-Brennstoffzelle (PEMFC) nur bis zu 500 kW und sind aufgrund ihrer niedrigen Arbeitstemperatur in mobiler Stromversorgung oder in Kfz-Antrieb sehr beliebt. Aufgrund ihrer unterschiedlichen Betriebstemperaturen werden auch je nach Brennstoffzellentyp ein jeweils geeigneter Brennstoff verwendet. Der meist eingesetzte Brennstoff ist Wasserstoff, aber auch Methan, Methanol und Kohlegas sind in einer Brennstoffzelle geeignet. Abb. A 1 im Anhang A 1 liefert einen kurzen Überblick über die unterschiedlichen Brennstoffzellentypen (z.B. Duden Paetec GmbH, 2011).

Nun wird als Brennstoffzellentyp die PEMFC betrachtet. Sie benutzen als Brennstoffmittel Wasserstoff und als Elektrolyt eine Polymermembran. Hinzu kommen Oxoniumionen als mobiles Ion. Das Funktionsprinzip einer PEMFC zeigt Abb. 1 (z.B. Duden Paetec GmbH, 2011).

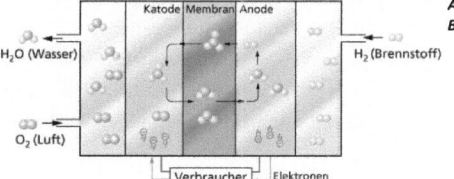

Abb. 1 Funktionsprinzip einer Polymerelektrolyt-Brennstoffzelle (PEMFC)

Folgende elektrochemische Reaktionen laufen an den Elektroden ab:

Anode $\ominus$ Oxidation: $2 H_{2(g)} + 4 H_2O_{(l)} \rightarrow 4 H_3O^+_{(aq)} + 4 e^-$

Katode $\oplus$ Reduktion: $O_{2(g)} + 4 H_3O^+_{(aq)} + 4 e^- \rightarrow 6 H_2O_{(l)}$

Gesamtreaktion: $O_{2(g)} + 2 H_{2(g)} \rightarrow 2 H_2O_{(l)}$

An der Anode reagiert Wasserstoff mit Wasser. So entstehen Oxoniumionen. Nur die Kationen wandern anschließend durch die Membran und die Elektronen müssen über einen Verbraucher, damit sie zur Katode gelangen. An der Katode wird kontinuierlich Sauerstoff zugeführt und dieser nimmt die Elektronen auf, der mit den Oxoniumionen zu Wassermolekülen reagieren. A 2 zeigt die Darstellung der MEA.

1.2 Ausgangspunkt dieser Arbeit

Polymerelektrolyt-Brennstoffzellen sind heute in vielen Anwendungen wie in Brennstoffzellenfahrzeugen, Raumschiffen oder Akkumulatorladegeräte (z.B. Wikipedia, 2013; Adamson, 2010) zu finden, aber Hersteller dieser mobilen Anwendungen finden immer mehr Probleme in PEMFC-Systemen (z.B. Brendel & Hasselstein; Adamson, Fuel Cell Today, 2010). Besonders ist die protonleitfähige Membran in PEMFC-Systemen die zentrale Komponente und trägt die entscheidende Bedeutung, damit eine Brennstoffzelle funktioniert. Dies hängt damit zusammen, dass die Membran die Leitfähigkeit der Protonen ermöglicht und gleichzeitig als „Wand" zwischen dem Brennstoff und dem Sauerstoff gilt. Um eine einwandfreie Polymermembran zu gewährleisten, muss sie im Anodenraum optimal ständig befeuchtet werden. Somit ist sie wasserundurchlässig und damit steht auch ausreichend Wasser für die Oxidation zur Verfügung. Trifft diese Anforderung für eine optimierte Membran nicht zu, so kann die Membran in PEM-Brennstoffzellen austrocknen und somit reißen. Folglich findet auch keine Protonenwanderung von der Anode zur Katode statt und die Brennstoffzelle ist somit funktionsunfähig. Aber auch zu feuchte Membranen führen dazu, dass nicht mehr alle Protonen die Membranen durchdringen können. Dadurch muss mit einem Leistungsverlust gerechnet werden (z.B. Brendel & Hasselstein). Die ideale Protonaustauschmembran muss eine hohe Protonleitfähigkeit und einen hohen elektrischen Widerstand besitzen. Zusätzlich müssen alle anderen Moleküle undurchlässig sein und die Elektronen durch einen Leiter zur Katode gebracht werden. Aber auch die Temperaturstabilität sowie die chemische- und mechanische Stabilität gehören zu den Anforderungen. Als letzten Punkt muss man sagen, dass die Materialkosten gering sein sollten (z.B. Ohlrogge & Ebert, 2006) (z.B. Scharfer, 2009).

Zurzeit wird die perfluorierte ionische Membran Nafion® von dem größten Konzern der chemischen Industrie DuPont am häufigsten in PEMFC-Systemen verwendet. Aber auch in anderen Bereichen wie in der Unterhaltungselektronik, bei der Solarenergie, der Nahrungs-mittelsicherheit und beim Verpackungsdruck finden Nafion® - Membranen ihren Einsatz (z.B. DuPont, 2013). Bereits 1966 fand man Nafion® - Membranen in vielen Brennstoffzellen und auch heute noch beherrschen sie den Markt. Hinzu kommt noch, dass DuPont bei Nafion®

eine Reihe mit mehreren Dicken und Äquivalentgewichten des Polymers in den Markt stellt, die man durch Aufschluss der Namensgebung herausfinden kann (z.B. Ohlrogge & Ebert, 2006). Insbesondere gibt der Hersteller an, dass Nafion® - Membranen einzigartige Eigenschaften besitzen und auch dem oben vorgestellte Ideal einer Protonaustauschmembran entsprechen. Zudem besitzen sie eine hohe Langlebigkeit sowie Stabilität und Robustheit (z.B. DuPont, 2013). Nun stellt sich die Frage, wieso mobile Anwendungshersteller weiterhin Probleme in PEM-Brennstoffzellen finden, obwohl Nafion® laut DuPont alle wichtigen Eigenschaften einer idealen Membran besitzt. Daraus folgert man, dass Nafion® - Membranen doch nicht dem Ideal einer Membran entsprechen, wodurch PEMFC-Systeme schneller funktionsunfähig werden. Um somit die Betriebsdauer einer PEMFC so langlebig wie möglich zu halten, müssen Lösungen für die Membran getroffen werden.

Somit befasst sich die Arbeit damit, die Probleme der Nafion® - Membranen in PEMFC-Systemen erläuternd darzustellen und gegebenenfalls Lösungen zu finden.

1.3 Zielsetzung dieser Arbeit

Der im Abschnitt 1.2 herausgearbeitete Ausgangspunkt dieser Arbeit beschäftigt sich mit der Hypothese, dass Nafion® - Membranen von DuPont Probleme in PEM-Brennstoffzellen aufweisen. Wenn diese These bestätigt würde, wird versucht, Lösungen für die vorliegenden Probleme zu finden, insofern geeignete Informationen über die Probleme dieser Membran bereits vorliegen. Zielsetzung dieser Arbeit ist es, die Hypothese zu bestätigen oder zu widerlegen. Um überhaupt die Probleme bei Nafion® - Membranen zu erkennen, muss man die Eigenschaften und die Funktionsweise dieser Membran genauer betrachten.
Eine besondere Schwierigkeit für die Untersuchung der Hypothese liegt darin, dass es nur wenig Literatur gibt, die ausführliche und genügende Informationen über Nafion® enthält, welche auch zum größten Teil nur in englischer Sprache vorliegen.
Diese Arbeit beschäftigt sich nur mit der theoretischen Grundlage und hat keinen Praxis bezogenen Teil, um die Theorie selbst zu widerlegen. Um die Theorie zu widerlegen, wird deshalb Literatur verwendet, in der Wissenschaftler Experimente mit Nafion® in PEMFC durchführten.
Bei Bestätigung dieser Hypothese soll diese Arbeit auf der Grundlage der erarbeiteten Erkenntnisse für die Entwicklung der Nafion® - Membranen ergänzt werden, um so die Bedeutung bzw. die Funktion dieses Produkts und gleichzeitig auch dessen Anwendungen zu gewährleisten. Aber auch für zukünftige Arbeiten, die sich auf die Nafion® - Membranen basieren, soll diese Arbeit als Ergänzung sowie als Hilfsmittel dienen.

2. Hauptteil

2.1 Nafion® - Membranen – Eigenschaften, Funktionen, Bedeutungen

Damit man die Nafion® - Membranen verstehen kann und somit auch die Probleme dieser Membran erkennen kann, muss man die Eigenschaften sowie die Funktionsweise und die

Bedeutung der Nafion®- Membranen betrachten. Das Membranmaterial Nafion® ist ein Sulfonsäure-Tetrafluorethylen-Polymer (PTFE), welches zu den perfluorierten ionischen Membranen gehört. Das erste Ionomer Nafion® wird durch die Copolymerisation von $FSO_2CF_2CF_2OC(CF_3)FCF_2OCF=CF_2$, ein perfluoriertes Vinylether-Comonomer, mit Tetrafluorethylen (TFE) hergestellt (z.B. Ohlrogge & Ebert, 2006; Scharfer, 2009; Rhoades, 2008). Im Anhang zeigt A 3 die chemische Copolymerisation der beiden Monomere. Der chemische Aufbau wird in Abbildung 2 dargestellt (z.B. Zaidi & Matsuura, 2009).

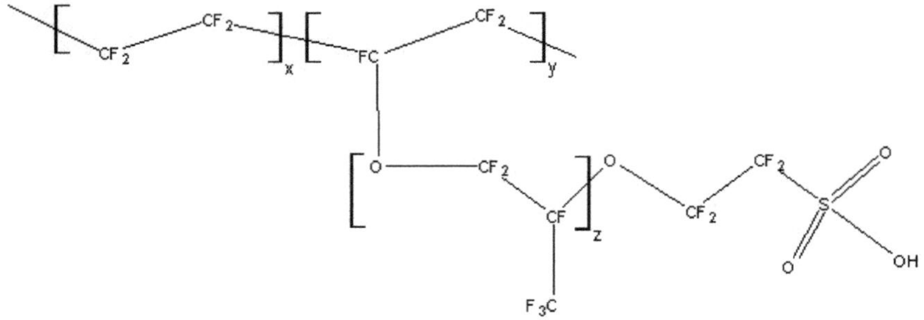

Abb. 2 Chemischer Aufbau einer PFSA Nafion® - Membran

Nafion® - Membranen werden von DuPont in verschiedenen Dicken und mit verschiedenen Äquivalentgewichten (EW) bereitgestellt. Wie im Abschnitt 1.2 beschrieben, gibt die Bezeichnung einer Nafion® einige Angaben über die Dicke und EW ab. Die ersten beiden Ziffern geben nämlich das Äquivalentgewicht des Polymers und die restlichen Zahlen die Dicke in µm an. Beispiel: Nafion® 115 hat einen Äquivalentgewicht von 1100g Polymer pro Mol Sulfonsäure-Gruppe und eine Dicke von 125µm (z.B. Rhoades, 2008).

Das Ionomer macht sich erkennbar durch seinen festen, weißen und geruchlosen Stoff (Wikipedia, Nafion, 2013). Eine besondere Eigenschaft von Nafion® ist zudem auch der chemische Aufbau, wodurch weitere besondere Eigenschaften entstehen. Der besondere Aufbau liegt in der Copolymerisation. Es werden nämlich zwei Monomere, eine unpolare und eine polare, copolysiert. Hierbei wird die ionische Vernetzung durch die polaren Bindungen verursacht (z.B. Fink, 2010). Durch die Umwandlung von der nicht- zur ionischen Form entsteht eine hydrophile Nafion® - Membran, wobei schon die Säure stark wasseranziehend ist. Zudem entstehen bei der Trennung der Tetrafluorethylen (TFE) von der ionischen Kette unpolare und polare Räume (z.B. Rhoades, 2008). Darüberhinaus zeigen die beiden Monomeren keine Wechselwirkungen mit polaren Gruppen, aber die Hydrophobie der beiden sind auch unterschiedlich. Die lange wasseranziehende Seitenkette bildet nämlich geordnete Strukturen in der hydrophobischen Polymermatrix. Durch die systematische Anordnung der Atomgruppen wird hier der Weg für die Protonen beim Übergang zwischen der Anode und der Katode ermöglicht (z.B. Ohlrogge & Ebert, 2006). Überdies sind die hydrophoben $-(CF_2)_n-$ Gruppen die Ursache für die hohe chemische Stabilität (z.B. Bagotsky, 2009).

Die besonderen Eigenschaften werden außerdem durch die Morphologie von Nafion®

verursacht. Die physikalischen und chemischen Eigenschaften haben einen strengen Zusammenhang mit der Struktur. Deswegen kann man auch hier wieder sagen, dass die Struktur eine große Bedeutung hat. In den letzten 20 Jahren wurden verschiedene Experimente durchgeführt, um die Mikrostruktur einiger Polymermaterialien, darunter auch die der Nafion® - Membranen, darzustellen und zu verstehen. Die Experimente wurden mit Hilfe von Röntgenstreuung, dem Small and Wide Angle X-Ray Scattering (SAXS), (z.B. Pineri & Eisenberg, 1987; Scherer, 2008), oder Neutronenstreuung, namentlich bekannt als Small Angle Neutron Scattering (SANS) (z.B. Tant, Mauritz, & Wilkes, 1997; Scherer, 2008), durchgeführt. Dabei werden drei Modelle betrachtet, die sich in den letzten Jahrzehnten durchgesetzt haben.

Das erste und bekannteste Modell ist das Gierke-Modell oder auch Custer-Network Model (1981) mit der SAXS-Untersuchung, um sich eine erste Strukturvorstellung von Nafion® - Membranen zu verschaffen. Das Modell beschreibt die Struktur der Membran als umgedrehte kugelförmige Hohlräume (Wassercluster – inverse Mizelle) in der Einheit Nanometer. Diese Mizellen lagern sich an die hydrophilen Anionen, die Sulfonsäurenionen, an und binden diese. Im Trockenen sind die Wassercluster im Netzwerk durch Kanäle mit einem Durchmesser von ≈ 1nm miteinander verbunden. Werden jedoch die Kanäle mit Wasser gefüllt, so steigt der Durchmesser auf ≈ 4nm. Damit nun ein Weg für die Protonen gebildet werden kann, müssen sich die Kanäle bei einem mittleren Wassergehalt zwischen den Mizellen bilden. Folglich bewegen sich die Protonen zunächst durch einen Kanal und dann zur Mizelle (z.B. Scharfer, 2009; Scherer, 2008). Später verlor das Modell von Gierke aber an Bedeutung, da das Modell nicht im Stande ist, die strukturelle Entstehung der Membran während des befeuchteten Zustandes zu beschreiben, nämlich der von der verdünnten Phase zum trockenem Zustand (z.B. Scherer, 2008).

Die Lösung findet man im Modell von Gebel. Er hat nämlich durch die SASX sowie SANS und USAXS (Ultra Small-Angle X-Ray Scattering), ebenfalls eine Röntgenstreuung, die Lösung für den Hydratisierungsprozess vom trockenen festen Zustand zum gelösten wässrigen Zustand herausgefunden. Er beschreibt nämlich, dass die Umkehrung von der kolloidalen Zerstreuung der langen Polymere, die sich in der Lösung ansammeln, zu einem Netzwerk von Mizellen durch Wasserkanäle in der Polymermatrix verankern. Diese Überlegung gab die Lösung für den Übergang vom trockenen zum stark verdünnten Zustand in der Lösung an (z.B. Scherer, 2008). Abb. 3 zeigt Gebel's Morphologie (z.B. Rhoades, 2008).

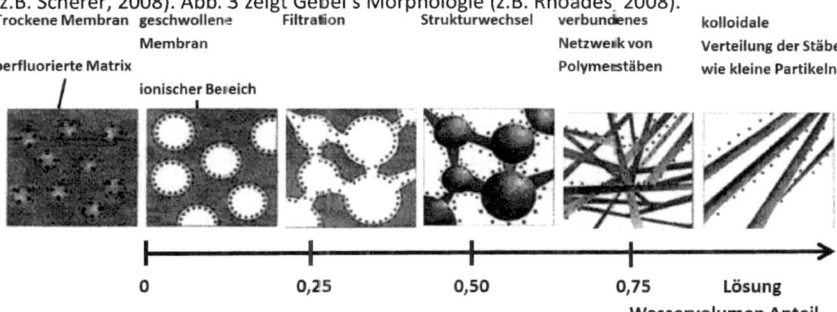

Abb. 3 Gebel's schematischer Ablauf der Nafion® - Membranen von der trockenem zur gelösten Zustand

Wie in der Abbildung dargestellt, ist der ionische Bereich im Polymer bei einem geringeren Wasseranteil verschieden, gleichzeitig auch kugelförmig, aber die Mizellen sind nicht miteinander verbunden. Nur bei einem System mit einem hohen Wasseranteil sind die Ionen im Polymer verbunden und bilden ein Netzwerk aus mehreren Seitenkettenstäben. Die Mizellen nehmen also eine Stäbchenform an und somit hat man bei einem hohen Wasseranteil eine Mikrostruktur, die länglich, zylindrisch oder schleifenartig aussieht, und der Kanal verschafft zudem den Weg für die Protonen (z.B. Scherer, 2008).
Aber auch dieses Modell erfährt Widerspruch. Das neueste Modell, welches 2008 von Schmidt-Rohr und Chen entwickelt wurde, kann zum ersten Mal wichtige Eigenschaften erklären wie die schnelle Streuung des Wassers und der Protonen durch die Nafion® - Membran, seine Lebensdauer bei niedrigen Temperaturen sowie die Lieferung einer Menge Streudaten von Nafion® (z.B.Dusastre, 2011; Scharfer, 2009). Auch hier wurde die Membran unter SAXS untersucht. Von der Miktrostruktur her hat sich die Membran im Vergleich zum Gebel-Modell kaum verändert. Die Entwickler bezeichnen die Struktur als das Ionomer Maximum („Ionomer Peak" (s. Dusastre, 2011)). Das Ionomer Nafion® besteht entweder aus langen parallelen oder aus zufällig gepackten Wasserkanälen, die von teilweise hydrophilen Seitenketten des Polymers umgeben sind. Diese bilden inverse Mizellenzylinder. Ein Unterschied zum Gierke-Modell findet sich beim Durchmesser. Der Durchmesser der Wasserkanäle beträgt nämlich bei einem Wassergehalt von 20 Vol-% von 1,8 und 3,5nm. Zusätzlich lässt sich die hohe mechanische Stabilität der Nafion® durch die Nafionkristallite, die ein Volumen von $\approx$ 10 Vol-% besitzen, erklären. Sie bilden nämlich physikalische Vernetzungen, die gestreckt parallel zu den Wasserkanälen verlaufen (z.B. Dusastre, 2011). A 4 im Anhang zeigt zudem noch ihre Struktur und Funktionsweise.
Durch die Morphologie lässt sich nun der strenge Zusammenhang zwischen den Transporteigenschaften und der Temperatur sowie dem Einfluss des Wassergehalts erklären. Nafion® zeichnet sich aus durch seine hohe Protonleitfähigkeit. Bei einer hohen Wasseraktivität in den Kanälen und hoher Temperatur zeigt Nafion® eine hohe Leitfähigkeit; bei einem niedrigen Gehalt ist die Leitfähigkeit schwach. Dies zeigt A 5. Die hohe Leitfähigkeit lässt sich damit erklären, dass die hydrophilen Domänen (Sulfonsäuren) eine zunehmende Verbindungsfähigkeit aufweisen, die die Protonen tragen. Sie sind also bei einer hohen Wasseraktivität besser verbunden, was zu einer hohen Leitfähigkeit führt. Aber auch durch den hohen Bedarf von H^+-Ionen aufgrund der starken Befeuchtung steigt die Leitfähigkeit (z.B. Bocarsly & Mingos, 2011; Kurzweil, 2003). Eine schematische Darstellung der Verbindungsfähigkeit der Sulfonsäuren unter unterschiedlichen Bedingungen zeigt Abbildung A 6 im Anhang. Auch zeigen dünne, leichte Membranen aufgrund des geringen Widerstandes zum Protonentransport gute Leistungen. Die Kanäle, die die kugelförmigen Hohlräume miteinander verbinden, sind zudem für solvatisierte Kationen (Protonen) durchlässig, aber nicht für Anionen (z.B. Kurzweil, 2003). Zudem kann man sagen, dass Nafion® - Folien sehr elastisch sind, besonders wenn die Temperatur hoch ist oder wenn die Membran ausreichend Wasser aufgesaugt hat, aber Nafion® sind nur schwer dehnbar (z.B. Bocarsly & Mingos, 2011). Eine weitere Eigenschaft ist, dass Nafion® bis 125°C funktioniert.

2.2 Probleme der Nafion® - Membranen

Neben den besonderen Eigenschaften der Nafion® - Membranen wie hohe
Protonenleitfähigkeit sowie mechanische und chemische Stabilität zeigen die Folien auch
ihre Schwächen. Im folgenden Abschnitt werden besonders die Probleme durch die
Änderung der Temperatur und des Wassergehalts dieser Membran erläutert.

2.2.1 Überschreitung der Grenztemperatur und ihre Auswirkungen auf den Wassergehalt

Nafion® - Membranen werden gewöhnlich in PEMFC's bei einer Betriebstemperatur von 80
bis 90°C eingesetzt. Doch im Hochsommer steigt vor allem die Betriebstemperatur und
folglich ergeben sich dramatische Auswirkungen in den Nafion® - Membranen.
Bei einer Temperatur von $130 - 150°C$ kondensiert bereits der Wasserdampf mit der Folge,
dass der Gasdruck sich verringert. Da der Druck im System mindestens 3 bis 4 bar betragen
muss, hat ein geringerer Gasdruck die Auswirkung, dass die Membran austrocknet, was dann
zu Gasübergängen aufgrund der Risse in der Membran führt. Vielleicht erzeugt eine hohe
Temperatur eine größere Protonleitfähigkeit, aber bei niedrigerem Gasdruck und hoher
Temperatur sinkt die Urspannung von 1,02V auf ≈ 0,4V in der Leerlaufspannung. Somit ist
die thermische Energie gegenüber der elektrischen Energie bei einer geringen Spannung
größer (z.B. Bagotsky, 2009). Darüber hinaus steigt bei einem Temperaturanstieg die
Geschwindigkeit der Wasserstoffdiffusion durch die Membran zur Kathode. Bereits bei einer
Standardtemperatur in PEMFC von 80°C gehen mehr als 3% des Wasserstoffs durch die
Durchquerung der Membran verloren. Somit erhöht sich der Wert bei steigender
Temperatur und die Dichte verringert sich. Sobald dieser verlorene Teil der Wasserstoffatome die Katode erreicht hat, werden die Wasserstoffatome dort mit Sauerstoffatomen
oxidiert, wodurch Wasserstoffperoxid H_2O_2 gebildet wird. Die katalytische Zersetzung von
H_2O_2, hervorgerufen durch die Eisenionen, führt zur Bildung von freien Sauerstoffradikalen
OH• oder OOH•. Diese reagieren mit Endgruppen der Form $-CF_2COOH$ in der Membran und
greifen die Membran an und beschleunigen somit den Zerfall der Membran. Man kann auch
sagen, dass der Zerfall durch die hohe Temperatur beschleunigt wird (z.B. Bagotsky, 2009).
Dadurch erleidet die Brennstoffzelle einen Totalschaden. Denn nur die Membran kann die
Gase als Separator voneinander trennen und ist sowohl ein Elektrolyt, in denen Protonen
ausgetauscht werden können, als auch ein Katalysatorträger (s. A 2). Zusätzlich folgen beim
Zerfall die geringe Lebensdauer, die plötzliche Veränderung im Normalbetrieb, der
Leistungsverlust sowie der Umstand, dass das Wasser verloren geht und folglich auch der
ohmsche Widerstand der Membran steigt. Dies führt zu Sprödigkeit und zur Bruchbildung
(z.B. Bagotsky, 2009; Wang & Li, 2012). Die Bildung der Radikalen findet man im Anhang A 7.
   Des Weiteren können bei einer Überhitzung sogenannte „hot spots" entstehen, wenn
auch die Befeuchtung der Membran mangelhaft ist. Durch die Entstehung von „hot spots"
kann die Membran anschließend reißen und Löcher bilden, die zur Vermischung der Gase
führen. Zudem werden die Sulfonsäuregruppen bei einer Temperatur größer als 90°C

zerstört. Damit ändert sich auch die Morphologie der Membran (z.B. Kurzweil, 2003; Wang & Li, 2012). Bei ca. 300°C zerfällt die Membran komplett, ist durchweicht und verbrennt anschließend (Wang & Li, 2012).

Im Winter jedoch führen die tiefen Temperaturen dazu, dass die Membran unbrauchbar wird, da das Wasser in der Membran einfriert, insofern die Brennstoffzelle ausgeschaltet ist (z.B. Kurzweil, 2003). Dies führt zur Schädigung der MEA und damit auch der Funktion der Brennstoffzelle (z.B. Bagotsky, 2009).
Schon hier wird besonders deutlich, dass die Temperatur sich auf den Wassergehalt der Membran auswirkt. Hohe Temperaturen führen zur Reduzierung des Volumens und niedrige Temperaturen zum Einfrieren des Wassers. Die Folgen unter diesen Umständen und weitere Aspekte bei der Wasserregulierung werden im nächsten Abschnitt beschrieben.

2.2.2 Wassermanagement

Neben der Temperatur ist das Wassermanagement das größte Problem bei Nafion®, da die Befeuchtung der Membran einen strengen Zusammenhang mit der Protonenleitfähigkeit aufweist. Zudem bestimmt der Wassergehalt der Membran auch den Zerfall, die Wasserdiffusionsfähigkeit und das Elastizitätsmodul der Membran. Unter gewöhnlichen Bedingungen muss die Membran mit einem Wassergehalt von 30% befeuchtet sein.
Eine zu hohe Wasseraufnahme der Membran verursacht eine Anschwellung der Wasserkanäle, da der hohe Wassergehalt die Poren der GDL und damit die Stromkanäle blockiert (s. A 2). Somit ist ein Austausch der Gase und der Übergang von H^+-Ionen kaum noch möglich, wodurch die Leistung abnimmt (z.B. Wang & Li, 2012). Auch erhöht sich das Volumen und die Kanäle werden dicker, wodurch auch das Gewicht der Membran zunimmt. Dies führt zum mechanischen Ausfall der Membran. Zusätzlich verändert der hohe Wassergehalt in der Membran die Grenzflächenkontakte zwischen der Membran und der Elektrode. Der hydrophile Teil, der das Wasser aufnimmt, schwillt auch die hydrophobische Matrix an. Jedoch ist die Wasseraufnahme nur begrenzt möglich wegen des Gleichgewichts zwischen der Solvatationsenergie und der Anschwellung der Matrix (z.B. Bocarsly & Mingos, 2011).
Darüberhinaus verursacht eine hohe Wasseraktivität in der Membran die Korrosionsbildung. Damit wird der Widerstand der Nafion® kleiner, wenn eine geringe Spannung angelegt wurde (z.B. Wang & Li, 2012).
Die Wasseraufnahme verleiht Nafion® auch nicht ihre normale Plastizität und der Anteil an Hydrophilen steigt, wodurch diese zur Gruppierung von Hydrophilen führen, die Wasser und Sulfonsäure enthalten. Dies muss man eher als ein Vorteil ansehen (s. A 6) (z.B. Bocarsly & Mingos, 2011).
Jedoch kann es auch passieren, dass die Membran unter einem Wassermangel leidet. Bei einem Wasserentzug bzw. bei einer schlechten Befeuchtung der Membran schrumpft Nafion® und trocknet bei >80°C somit aus, da das Wasser kondensiert und folglich die Kanäle nicht gefüllt sind, wodurch dann dieselben Auswirkungen wie bei einem Wasserüberschuss auftreten können, nämlich die Veränderung der Grenzflächenkontakte und der Ausfall der

Membran.

Des Weiteren werden trockene Membranen bei >80°C unelastischer und sie sind schwieriger zu biegen und zu dehnen. Auch verursacht eine trockene Membran die Bildung von Knitter und Wölbungen.

Nach den Versuchen von Bocarsly kann man zudem sagen, dass die geringe Wasseraktivität in der Membran zu einer geringen Protonleitfähigkeit führt. Dies wurde bereits in 2.1 erwähnt. Vor allem zeigt sein anderer Versuch, dass die Wasseraktivität wie auch das Potenzial ein Zusammenhang mit dem elektroosmotischen Widerstandskoeffizienten haben. Dies wird unter A 8 erklärt. Das Ergebnis dieses Versuchs war nämlich, dass bei einer geringen Wasseraktivität, die auch zur geringen Spannung führt, der Wert niedrig ist, da die Protonen die Wasserstoffbindungen überqueren und sich nicht mit Wasser binden lassen (z.B. Bocarsly & Mingos, 2011). Folglich ist eine hydratisierte Membran unmöglich.

Herrscht auf der Katodenseite, an der Sauerstoff reduziert wird, ein Wasserüberschuss, so führt dieser zum Überfluten der Gasdffusionsschichten, wodurch Sauerstoffatome den Katalysator erreichen. Dadurch sinkt der Wassergehalt der Membran und damit wird auch die Leistung der Elektrode beeinträchtigt, was somit auch zur Reduzierung der Zellleistung führt, da es weniger H^+ Teilchen gibt. Außerdem wird hierdurch auch das Eindringen der Sauerstoffatome auf die aktive Schicht verhindert. Damit wird die PEMFC funktionsunfähig. Zudem führt eine Austrocknung bzw. ein zu schneller Wasserentzug der Membran auf der Anodenseite zur Verkleinerung der Kanäle und damit zu einer Steigerung des ohmschen Widerstandes und damit zu einer geringen Entladespannung der Zelle (Bagotsky, 2009; Scharfer, 2009). Der geringe Widerstand verursacht wiederrum Sprödigkeit auf der Membran, welche dann eine größere Wahrscheinlichkeit zur Bildung von Rissen und Löcher aufweist, so dass die Gase in den getrennten Elektrodenräumen sich vermischen (Bagotsky, 2009). Ein explosionsartiges Gemisch entsteht, welches zu katastrophalen Auswirkungen führen kann.

Zhao und Benziger haben sogar nachgewiesen, dass bei einer schlechten Befeuchtung weniger Hydrophile und damit auch weniger hydrophile Verbindungen herrschen, die eine geringe Diffusionsrate durch die Membran verursachen (z.B. Bocarsly & Mingos, 2011).

Insgesamt muss man auf das Wassermanagement sorgfältig aufpassen, da die Protonenleitfähigkeit und die mechanische Stabilität streng mit dem Wassergehalt zusammenhängen. Ein Fehler in diesem Gebiet führt zum direkten Ausfall der PEMFC.

2.2.3 Weitere Probleme

Neben den zwei wichtigsten Hauptproblemen in Nafion® - Membranen zählt auch die hohe Permeabilität von Nafion® zu den Problemen. Die Permeabilität ist nämlich zu hoch für Methanol und andere Brennstoffe. Dadurch kann man die Membran nicht in DMFC benutzen (z.B. Ohlrogge & Ebert, 2006).

Darüberhinaus sind solche Membranen nicht gerade reaktionsfreudig in Kontakt mit Schwermetallen wie Eisen. Denn wenn Schwermetalle mit Nafion® in Kontakt kommen, dann führt dies zu Korrosion im Metall, was wiederrum zu elektrischen und mechanischen

Leistungsminderungen in der PEMFC führt. Bereits Chromionen mit einer Konzentration von 500ppm können zu einem achtfachen Leistungsverlust führen (z.B. Bagotsky, 2009). Zudem kann es bei einer langen Betriebszeit dazu kommen, dass die Membran langsam zerfällt, wodurch ebenfalls ein Ausfall der Zelle passiert, da die Gase sich vermischen (z.B. Bagotsky, 2009). Zuletzt können Gase bei hohem Differenzdruck die Membran durchbrechen, was ebenfalls zur Vermischung der Gase führt (z.B. Kurzweil, 2003).

2.3 Beseitigung der Nafion® Probleme

Es beschäftigen sich bereits weltweit viele Studien und Unternehmen damit, die Bedingungen für diese Membran in der PEMFC so anzupassen, dass die Probleme bei Nafion® beseitigt werden. Zudem veröffentlichten auch viele Wissenschaftler in den letzten Jahren Lösungen, um ein Ausfall der Membran zu verhindern, wie Li (z.B. Li & Tang, 2008)

2.3.1 Lösungen für die optimale Wasserregulierung

Das Wassermanagement zeigt in 2.2.2 große Probleme in Nafion® - Membranen, die von der Änderung der Polymerform bis hin zum Riss der Membran und damit zum Ausfall der PEMFC gehen.

Damit die Membran stets optimal feucht gehalten wird, ist es wichtig, dass sie sich in guten Bedingungen in der PEMFC befinden muss. Um diese zu erzielen, muss ein Gleichgewicht zwischen dem Verbrauch des Wassergehalts und der Befeuchtung der Membran im Hinblick auf die gegebene Temperatur herrschen. Das bedeutet folglich, dass eine ständige Befeuchtung der Membran gegeben sein muss, um ausreichend Wasser in der Membran zu besitzen. Dies wird zum Beispiel dadurch ermöglicht, indem man zusätzlich Wasserstoff zur Zelle führt. Dabei wird Wasserstoff mit Wasserdampf gesättigt. Sobald Wasserstoff die Katode erreicht hat, wird dann Sauerstoff mit dem Wasserdampf gesättigt. Dann erreicht der Wasserdampf einen Raum mit einer niedrigen Temperatur, so dass der Wasserdampf kondensiert, da die Wassertemperatur höher als die Betriebstemperatur ist. Der trockene Sauerstoff gelangt dann zur Elektrode zurück und das durch die Kondensation gewonnene Wasser dient zur Befeuchtung der Membran. Jedoch besteht das Problem, dass die optimale Befeuchtung von der Dicke der Membran und der derzeitigen Stromaufnahme in der PEMFC abhängt, da die Wasserbildung proportional zur Stromstärke ist (2.1). Da die Bedingungen von der Stromstärke abhängen, kann man das System als eine dynamische Betriebsart bezeichnen (z.B. Bagotsky, 2009).

Eine andere Methode für den Wasserentzug oder für die Befeuchtung wird von UTC Power entwickelt. Sie verwenden hierbei poröse Platten, die gegen die Gasräume gepresst werden. Die Besonderheit ist, dass sich hinter den porösen Platten Kühlwasser verbreitet mit einem Druck, der kleiner als der Gasdruck ist. Das in der Brennstoffzelle produzierte Wasser verbreitet sich dann durch die Poren der Platten zu einer zirkulierenden Strömung, wodurch Wasser der Membran entzogen wird. Aber wenn die Membran austrocknet, verbreitet sich das Wasser in Richtung auf die Membran, so dass sie befeuchtet wird (z.B. Bagotsky, 2009).

Aber es gibt noch mehr Möglichke ten das Überfluten der Membran zu verhindern. Die Möglichkeiten haben unterschiedliche Wissenschaftler in einem Bericht niedergelegt. Die erste Methode wird von Hui Li in seinem Bericht ausführlich erläutert (z.B. Li & Tang, 2008). Dabei hat er zunächst einen komplett neuen System- und technischen Entwurf entwickelt. Ein besonderer Nachteil in seinem Produkt ist der starke Leistungsverlust. In seinem zweiten Entwurf zur Minderung der Überflutung hat er nicht das System sondern das MEA neu entwickelt. Andere Wissenschaftler sind stattdessen auf die Auswirkung einer schlechten Wasserregulierung, auf die Lebensdauer und das Verhalten der Zelle in einem langen Zeitraum eingegangen (z.B. Schmittinger & Vahidi, 2008; Yousfi-Steiner, 2008).

Die einfachste Lösung bei nicht konstanter Betriebstemperatur ist es, die Temperatur zu verringern, damit die Membran nicht so schnell austrocknet (z.B. Wang & Li, 2012).

2.3.2 Verhinderung des Zerfallprozesses

Eine hohe Temperatur verursacht nicht nur den starken Wasserverbrauch der Membran, so dass sie austrocknet und schrumpft, sondern auch die Steigerung des Zerfalls an der Membran. Auch dies führt zur Vermischung der Gase.
Bei der Reaktion der Sauerstoffradikale mit Endgruppen der Membran $-CF_2COOH$, die zum Zerfall führen (2.2.1), erwies sich in späteren Arbeiten, dass es noch weitere Gruppen gibt, an die die Sauerstoffradikale sich anbinden können. Dies wurde mit Hilfe von Röntgenphotoelektronen- und FTIR Spektroskopie erschlossen. Es sind die C-H und $-SO_3H$ Gruppen. Die Sulfonsäuregruppe kann sich mit der Reaktion mit den Radikalen S-O-S und durch die weitere Oxidation SO_2 bilden.
Deswegen versucht DuPont seit langem die gefährdeten Gruppen in der Membran zu reduzieren oder auszutauschen (2.3.3). Dadurch kann die Lebensdauer der MEA's um das 10-fache gesteigert werden (z.B. Bagotsky, 2009).

2.3.3 Modifizierung – Einsetzung von Füllstoffen zur Verbesserung des Wassergehalts

Wissenschaftler neben DuPont (2.3.2) haben die Methode „Modifizierung der Nafion®" entdeckt, indem sie anorganische Stoffe benutzt haben. Diese Stoffe müssen vorausgesetzt hydrophile Eigenschaften haben. Diese als Composite Membran kann eine Austrocknung der Membran bei einer Temperatur von über 100°C verhindern. Die Einführung isotropischer Teilchen wie SiO_2, TiO_2 oder ZrO_2 erzeugt die anorganische Phase und steigert folglich die Neigung der Membran mehr Wasser aufzunehmen bzw. den Gehalt zu halten. Das Polymer selbst sorgt für die angemessene Protonleitfähigkeit in der Membran. Füllstoffe mit hohem Formfaktor, wie z.B. Schichtsilikat, zeigen ebenfalls ein solches Ergebnis.
Ein Beispiel kann man bei Yang und Costamagna sehen. Sie verwendeten als Füllstoff Zirkonphosphat und Oxo-Derivate aus diesem Salz. Diese Composite Membran erwies sich als Erfolg, denn die PEMFC funktionierte trotz hoher Temperatur (130°C) einwandfrei und lieferte eine Spannung von 0,45V. Das liegt daran, dass die Füllstoffe die entstandenen großen Poren in der Membran füllen, was die Kondensation des Wassers in ihr anregt.

Andere haben stattdessen von Oxo-Derivate Titaniumphosphat eingesetzt und auch mit Hilfe von Versuchen herausgefunden, dass die Füllstoffe außer dass sie Protonleitfähigkeit verbessern auch die Methanol Permeabilität senken und folglich die Leistung dieser Zelle größer ist als herkömmliche mit normalen Nafion® - Membranen. Auch wurde die mechanische Stabilität verbessert. Diese Effekte werden auch durch die Silicaphase erzeugt und verändern die Morphologie. Das Einsetzen von Heteropolymersäure (HPA), wie z.B. Silikowolframsäure (STA), zeigte, wie mit Zirkonphosphat eine Wassergehaltsteigerung um 33% und damit auch eine größere Protonenleitfähigkeit erreicht wurde. Neben chemischer und mechanischer Stabilität bewirkt SiO_2 eine größere Flexibilität. Durch die Einführung von Dimethylformamid als Lösungsmittel im Ionomer mit Kieselgel wird eine größere Homogenität bewirkt (z.B. Bagotsky, 2009; Ohlrogge & Ebert, 2006).

3. Schluss

3.1 Zusammenfassung der Ergebnisse

Die Hypothese in dieser Arbeit lautet, dass die laut Herstellerangaben einzigartigen Nafion® - Membranen in PEMFC's Probleme aufweisen. Falls Probleme existieren, wird versucht, Lösungen für die Probleme zu finden, insofern geeignete Informationen bereits vorliegen. Durch die ausführliche Recherche und Darstellung der Morphologie dieser Membran konnte die aufgestellte Hypothese bestätigt werden.

Die Morphologie stellt die Erklärung für die hohe Protonenleitfähigkeit, die mechanische Stabilität und Flexibilität dieser Membran dar und erklärt den Zusammenhang, wie die Temperatur auf den Wassergehalt und damit auch auf die Auswirkungen der Eigenschaften Einfluss nimmt. Denn eine hohe Temperatur verursacht zum Ersten den starken Verlust des Wassergehalts in der Membran, aber auch die Bildung von Sauerstoffradikalen, die die Membran zerfallen lassen. Dadurch können sich Risse bilden, wodurch letztendlich Gase übertreten können. Der geringe Wassergehalt bewirkt zudem die Austrocknung und Schrumpfung der Membran. Da der Wassergehalt die Leit- , Wasserdiffusionsfähigkeit und Elastizität bestimmt, hat die Membran bei einem geringen Gehalt eine geringe Leitfähigkeit, ist unelastischer und die Diffusionsrate ist geringer. Ein hoher Gehalt verursacht ebenfalls ein Ausfall der Membran.

Um diese Störung zu umgehen, wurden bereits unterschiedliche Methoden entwickelt, um einen ausbalancierten Wassergehalt trotz unterschiedlicher Temperatur herzustellen. Dazu gehört die Sättigung der Reaktionsgase oder das Einsetzen von porösen Platten, damit ausreichend Wasser zur Verfügung steht. Aber man stellte fest, dass die Befeuchtung von der Dicke und der Stromaufnahme abhängt und damit eine Verallgemeinerung ausschließt. Eine sehr effiziente Methode ist die Kombination dieser Membran mit anorganischen Stoffen. Denn der anorganische Füllstoff kann das Wasser in der Membran bei hoher Temperatur halten und sorgt für eine Steigerung der Protonleitfähigkeit. Die Modifizierung bringt auch noch weitere Vorteile, wie z.B. eine größere chemische und mechanische Stabilität, größere Flexibilität und eine geringere Permeabilität in Methanol.

3.2 Ausblick und Zukunftsperspektiven

Zurzeit beschäftigen sich viele Studien und Forschungsarbeiten damit, die Probleme in Nafion® - Membranen zu erkennen und die Membran effizienter zu verbessern. Bereits in den letzten Jahren fanden Studien Ersatzmembranen, die aus anderen Polymeren stammen. Diese Polymere unterscheiden sich chemisch und charakteristisch vor Nafion®, da diese aus Sulfonen bestehen. Auch bessere Compositen werden erforscht. Arbeiten haben nachgewiesen, dass sulfonierte Membranen sogar deutlich höhere Protonleitfähigkeiten in Hochtemperaturbrennstoffzellen zeigen. Ein wichtiges Merkmal sind auch die niedrigen Produktionskosten, so dass man sie eher in Mobilanwendungen benutzt als Nafion®. Aber sie haben eine deutlich geringere Stabilität und damit auch eine kürzere Lebensdauer. Daher bleibt die Diskussion über eine ideale Membran umstritten und Akademiker diskutieren weiterhin, um die richtigen Materialien zu finden, die bei hoher Temperatur, geringer Befeuchtung und einer langen Lebensdauer gut arbeiten können (z.B. Bagotsky, 2009; Ohlrogge & Ebert, 2006).

4. Literaturverzeichnis

Adamson, K.-A. (September 2010). Fuel Cells: A Reality Today. *Cleantech - Fuel Cell Spcial*, S. 6-11.

Adamson, K.-A. (September/Oktober 2010). *Kerry-Ann Adamson, Fuel Cell Today: Guest Editor Cleantech Magazine September 2010*. Abgerufen am 11. Januar 2014 von Cleantech Investor: http://www.cleantechinvestor.com/portal/guest-editors/6598-guestedka.html

Areamobile. (kein Datum). *Handy Recycling schont die Umwelt und spart Geld*. Abgerufen am 26. Dezember 2013 von Areamobile: http://www.areamobile.de/ratgeber/handy/allgemein/handy-recycling-schont-die-umwelt-und-spart-geld

Bagotsky, V. S. (2009). *Fuel Cells: Problems and Solutions - First Edition*. New Jersey: John Wiley & Sons.

Bocarsly, A., & Mingos, D. (2011). *Fuel Cells and Hydrogen Storage*. Berlin: Springer.

Boccolari, A., & Dr. Fresen, I. (kein Datum). *Epoxidierung und deren 3D-Visualisierung*. Abgerufen am 19. Januar 2014 von ChemgaPedia : http://www.chemgapedia.de/vsengine/tra/vsc/de/ch/16/oc/cavoc/cavoc_gesamt.tra/Vlu/vs c/de/ch/16/oc/cavoc/epoxidierung/epoxidierung_vis.vlu.html

Brendel, M., & Hasselstein, W. (kein Datum). *Ein Wunderkasten im Kälteschock*. Abgerufen am 26. Dezember 2013 von Greenpeace Magazin: http://www.greenpeace-magazin.de/magazin/archiv/5-00/ein-wunderkasten-im-kaelteschock/

Duden Paetec GmbH. (2011). Funktionsprinzip und Arten von Brennstoffzellen. In Duden, *Basiswissen Schule, Chemie Abitur* (S. 158f.). Berlin: Duden Schulbuchverlag, Berlin - Mannheim - Zürich.

DuPont. (2013). *Innovative Lösungen für Membrane und Folien*. Abgerufen am 26. Dezember 2013 von DuPont: http://www.dupont.de/produkte-und-dienstleistungen/membranes-films.html

Dusastre, V. (2011). *Materials for Sustainable Energy: A Collection of Peer-Reviewed Research and Review Articels from Nature Publishing Group*. United Kingdom : World Scientific.

Fink, J. K. (2010). *Handbook of Engineering and Specialty Thermoplastics, Polyolefins and Styrenics*. New Jersey: John Wiley & Sons.

Holleman, A. F., & Wiberg, E. (1995). *Lehrbuch der anorganischen Chemie, 101. Auflage*. München: Walter de Gruyter .

Kurzweil, P. (2003). *Brennstoffzellentechnik*. Wiesbaden: Vieweg.

Li, H., & Tang, Y. (2008). *A review of water flooding issues in the proton exchange membrane fuel cell*. Vancouver: Journal of Power Sources.

Mench, M. M. (2008). *Fuel Cell Engines*. New Jersey: John Wiley & Sons.

Ohlrogge, K., & Ebert, K. (2006). Membranen für die Brennstoffzelle. In K. Ohlrogge, & K. Ebert, *Membranen - Grundlagen, Verfahren und industrielle Anwendungen*. Weinheim: WILEY-VCH Verlag GmbH & Co. KGaA.

Pineri, M., & Eisenberg, A. (1987). *Structure and Properties of Ionomers*. Holland: D. Reidel Publishing Company .

Rhoades, D. W. (2008). *Broadband Dielectric Spectroscopy Studies of Nafion*. Mississippi: ProQuest LLC.

Scharfer, P. (2009). *Zum Stofftransport in Brennstoffzellenmembranen - Untersuchungen mit Hilfe der konfokalen Mikro-Raman-Spektroskopie*. Köln: KIT Scientific Publishing.

Scherer, G. G. (2008). *Fuel Cells I*. Berlin: Springer.

Schmittinger, W., & Vahidi, A. (2008). *A review of the main parameters influencing long-term performance and durability of PEM fuel cells*. Clemson: Journal of Power Sources.

Schürmann, M. (25. November 2013). *Mobile Geräte zu Weihnachten sehr beliebt*. Abgerufen am 26. Dezember 2013 von Beyond-Print: http://www.beyond-print.de/2013/11/25/mobile-geraete-zu-weihnachten-sehr-be iebt/

Sonderkamp, W. (kein Datum . *Akkus statt Einwegbatterien schonen Umwelt und Geldbeute*. Abgerufen am 26. Dezember 2013 von Cleanenergy-Project: http://www.cleanenergy-project.de/cleantech/item/5522-akkus-statt-einwegbatterien-schoren-umwelt-und-geldbeutel-

Tant, M., Mauritz, K., & Wilkes, G. (1997). *Ionomers: Synthesis, Structure, Properties and Applications*. USA: Blackie Academic & Professional, An important of Chapman & Hall.

Voigt, C. (2008). *Brennstoffzellen im Unterricht: Grundlagen, Experimente, Arbeitsblätter* . Lübeck: Hydrogeit Verlag.

Wang, H., & Li, H. (2012). *PEM Fuel Cell Failure Mode Analysis*. Boca Raton: CRC Press.

Wiechoczek, D. (01. Oktober 2008). *Die Katalase-Reaktion*. Abgerufen am 31. Januar 2014 von Chemieunterricht: http://www.chemieunterricht.de/dc2/katalyse/katalase.htm

Wikipedia. (8. Juni 2013). *Nafion*. Abgerufen am 27. Dezember 2013 von Wikipedia: http://de.wikipedia.org/wiki/Nafion

Wikipedia. (8. August 2013). *Polymerelektrolytbrennstoffzelle*. Abgerufen am 26. Dezember 2013 von Wikipedia: http://de.wikipedia.org/wiki/Polymerelektrolytbrennstcffzelle

Yousfi-Steiner, N. (2008). *A review on PEM voltage degradation associated with water management: Impacts, influent factors and characterization*. Karlsruhe: Journal of Power Sources.

Zaidi, S. M., & Matsuura, T. (2009). *Polymer Membranes for Fuel Cells*. New York: Springer.

5. Anhang

A 1 Brennstoffzellentypen

Brennstoffzelle	Elektrolyt	Arbeitstemperatur	elektrischer Wirkungsgrad	Brenngas Oxydant
Alkalische Brennstoffzelle (AFC)	Kalilauge	Zimmertemperatur bis 90°C	60 – 70%	H_2
Membran-Brennstoffzelle (PEMFC)	protonleitende Membran	Zimmertemperatur bis 80°C	40 – 60%	H_2
Hochtemperatur-Membran-Brennstoffzelle (HI-PEMFC)	protonleitende Membran	130 – 200°C	40 – 60%	H_2
Direkt-Methanol-Brennstoffzelle (DMFC)	protonleitende Membran	Zimmertemperatur bis 200°C	20 – 30%	CH_3OH
Phosphorsäure Brennstoffzelle (PAFC)	Phosphorsäure	160 – 220°C	55%	H_2
Karbonatschmelzen Brennstoffzelle (MCFC)	Alkalikarbonat-schmelzen	620 – 660°C	65%	H_2 CH_4
Oxidkeramische Brennstoffzelle (SOFC)	Yttrium-stabilisiertes Zirkonoxid	800 – 1000°C	60 – 65%	H_2 CH_4

Abb. A 1: Brennstoffzellentypen (Voigt, 2008)

A 2 Darstellung der MEA und ihre Funktionen

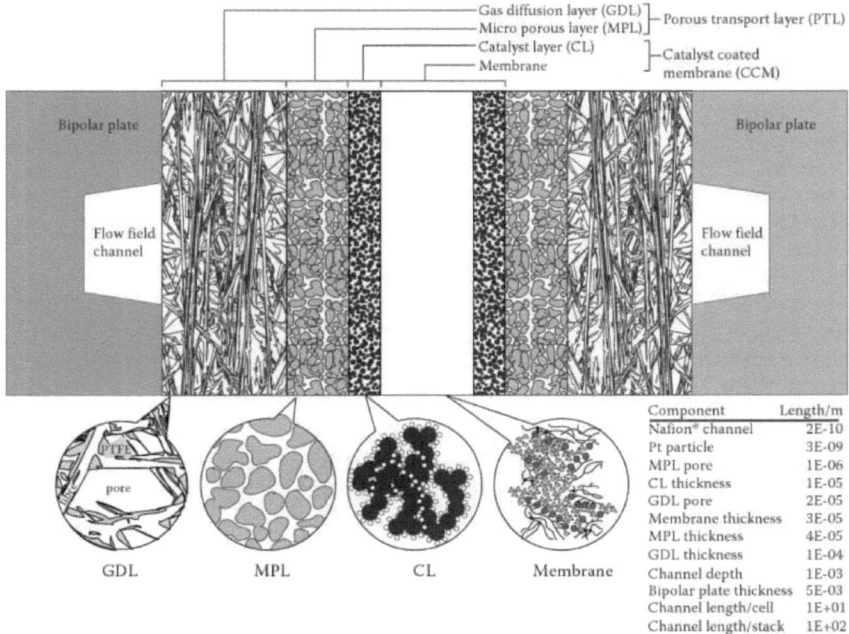

Component	Length/m
Nafion® channel	2E-10
Pt particle	3E-09
MPL pore	1E-06
CL thickness	1E-05
GDL pore	2E-05
Membrane thickness	3E-05
MPL thickness	4E-05
GDL thickness	1E-04
Channel depth	1E-03
Bipolar plate thickness	5E-03
Channel length/cell	1E+01
Channel length/stack	1E+02

Abb. A 2: Darstellung der MEA und die Funktionen der einzelnen Schichten (z.B. Wang & Li, 2012)

Die Abbildung zeigt, dass die poröse Transportschicht (PTL) an der Verbindungsstelle der mikroporösen Platte (MPL) und der Katalysatorschicht (CL) liegt. Die Membran selbst befindet sich erst hinter der Katalysatorschicht. Diese Schichten haben die Aufgabe die Reaktionsgase zu liefern, aber auch die Produkte aus den Reaktionen der Elektrode zu entfernen.

A 3 Copolymerisation von einem perfluoriertes Vinylether-Comonomer mit Tetrafluorethylen

(1) Sulfonierung von Tetrafluroethylen (Teflon®)

$F_2C=CF_2 + SO_3 \longrightarrow FO_2S-CF_2-COF$

(2) Epoxidierung von Perfluorpropen und Addition von Tetrafluorethylen

(2.1) Epoxidierung von Perfluorpropen

$F_3C-CF=CF_2 \longrightarrow F_3C-CF(O)CF_2$

Abb. A 3: Mechanismus der Epoxidierung von Perfluorpropen (z.B. Boccolari & Dr. Fresen).
Das Alken Perfluorpropen wird mit einer Persäure in Verbindung gesetzt. Das Sauerstoffatom der Persäure mit der partiellen positiven Ladung wirkt als Elektrophil, da der Sauerstoff partiell positiv geladen ist und mit der C=C-Doppelbindung des Alkens ein π-Komplex gebildet wird. Deshalb nähert sich das Sauerstoffatom der Doppelbindung. Die Sauerstoffmoleküle werden zunächst polarisiert und dann wird das Atom auf das Alken übertragen. Hierbei benutzt das Fluoralken seine C=C Doppelbindung, um das Sauerstoffatom an die C-Bindung zu verknüpfen. Bei Perfluorpropen wird anschließend ein Oxiranring (Epoxid) gebildet und ein sp³-Hybridisierungs-zustand liegt vor. Durch die Brechung der Bindungen wandert das Wasserstoffatom dem Carbonly-Sauerstoff und bildet eine Wasserstoffbrückenbindung aus.

(2.2.) Addition mit Tetrafluorethylen

$$F_3C-CF(O)CF_2 \xrightarrow{F_2C=CF_2} F_3C-CF_2-CF_2-O-CF=CF_2$$

(3) Copolymerisation der Monomere (1) und (2.2) mit Tetrafluorethylen

(1) Tetrafluorethylen + (2) Perfluor-3,6-dioxo-4-methyl-7-octen-sulfonsäure

(4) Hydrolyse der SO_2F-Gruppen zu SO_3H

(Kurzweil, 2003; Boccolari & Dr. Fresen)

A 4 Allgemeine Struktur und Funktionsweise einer Nafion® - Membran

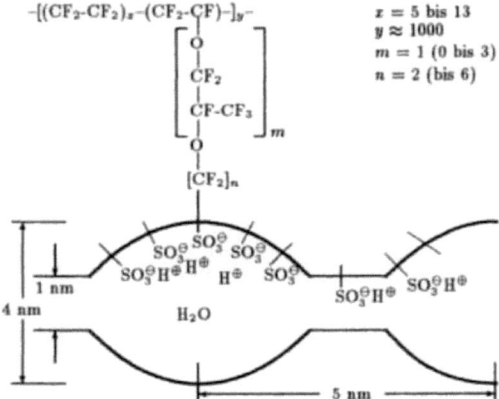

Abb. A 4: Allgemeine Struktur und Funktionsweise von Nafion® - Membranen (z.B. Kurzweil, 2003)

Die Abbildung stellt den Wasserkanal einer Nafion® - Membran mit den Maßen dar. Zudem erkennt man hierbei die kugelartigen Hohlräume (ionische Cluster - Mizellen), die durch die Abstoßung der Sulfonsäurereste und die hydrophoben Wechselwirkungen von Wasser und Fluorkohlenstoffgerüst gebildet werden. Dabei erkennt man, dass sich die Sulfonsäuren an dem hydrophilen Kopf der Mizelle anbinden, da die Sulfonsäure stark hydrophil ist. Auch durch die Abstoßung der Sulfonsäure lagern sie sich am Rande des Wasserkanals (Kopf der Mizelle) an. Die Hohlräume haben einen Durchmesser von 4nm und der Wasserkanal einen Durchmesser von 1nm. Die Protonen bzw. Kationen können nun ungehindert zunächst durch den Kanal und anschließend durch die Mizelle wandern, wobei sie sich an den negativen hydrophilen Sulfonsäureresten nähern.

A 5 Protonleitfähigkeit bei Erhöhung des Wassergehalts in der Membran

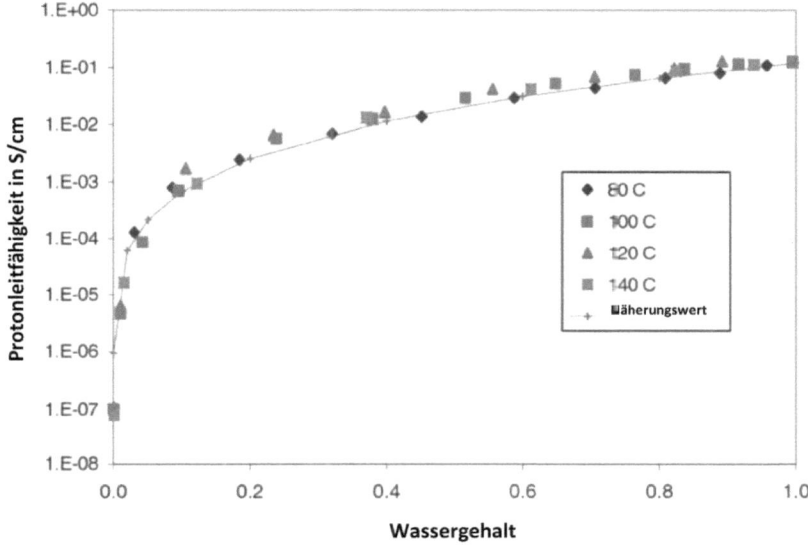

Abb. A 5: Protonleitfähigkeit der Nafion® - Membran bei Erhöhung des Wassergehalts unter verschiedenen Temperaturen (z.B. Bocarsly & Mingos, 2011)

A 6 Gruppierung der Sulfonsäuren unter unterschiedlichen Bedingungen in Nafion® - Membranen

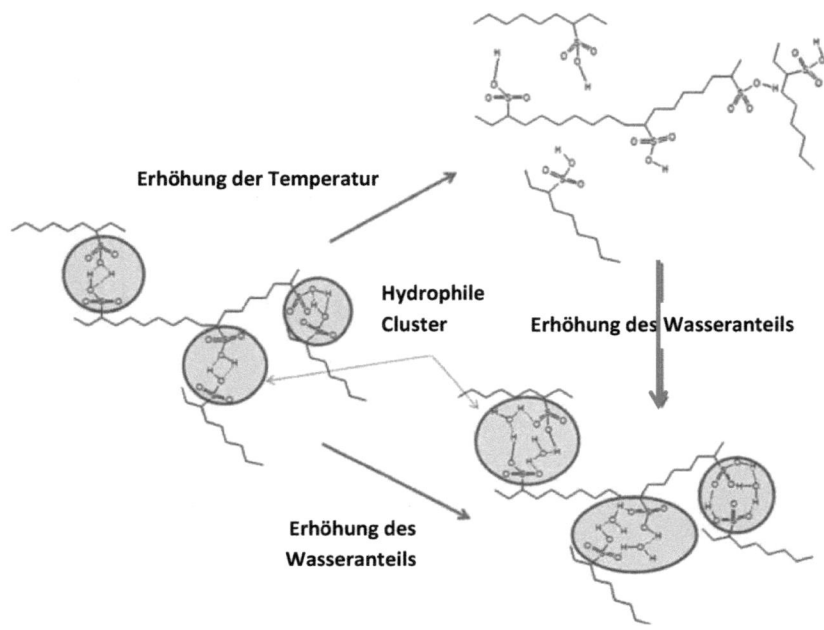

Erhöhung der Temperatur

Hydrophile Cluster

Erhöhung des Wasseranteils

Erhöhung des Wasseranteils

Abb. A 6: Gruppierung der hydrophilen Sulfonsäuregruppen unter unterschiedlichen Bedingungen

Auf der linken Seite wird die Membran unter einem normalen Wassergehalt und niedriger Temperatur gehalten. Dort erkennt man zudem noch die ausgebildeten Wasserstoffbrückenbindungen zwischen den Sulfonsäuren. Wenn jedoch die Temperatur erhöht wird, brechen diese Bindungen auf und die Hydrophilen gehen auseinander. Durch die weitere Erhöhung des Wassergehalts kommt es zum einen zur erneuten Bildung der Wasserstoffbrückenbindungen, zum anderen zur Erhöhung der Gruppierung der hydrophilen Sulfonsäuren, die alle zusammen verbunden sind. So erhöht sich die Protonleitfähigkeit (z.B. Bocarsly & Mingos, 2011).

A 7 Bildung der Sauerstoffradikalen mit Eisenionen Fe^{3+} als Katalysator

Ablauf des Zerfallprozesses mit Hilfe des Kremer-Stein-Mechanismus:

Start der Redoxkettenreaktion:

$$Fe^{3+} \xrightarrow{+H_2O_2} FeOCH^{2+} + H^+ \xrightarrow{-HOO\bullet} Fe^{2+} + H^+$$
$$\downarrow$$
$$HOO\bullet$$

Mit Hilfe von Fe^{3+} - Ionen beginnt die Startreaktion des Zerfalls von Wasserstoffperoxid. Dabei entstehen $HOO\bullet$ Radikale aus $FeOOH^{2+}$.
Durch die Bildung von $HOO\bullet$ - Radikalen startet somit auch die Reaktionskette und damit auch ein Katalyse-Kreisprozess.

Reaktionskette:

$$Fe^{2+} \xrightarrow[-OH^-]{+H_2O_2} Fe^{3+} + HO\bullet \xrightarrow[-H_2O]{-H_2O_2} Fe^{3+} + HOO\bullet \xrightarrow{-(O_2 + H^+)} Fe^{2+}$$

Das bei der Startreaktion entstandene Fe^{2+} - Ionen wird erneut mit Wasserstoffperoxid in Verbindung gesetzt, wodurch anschließend die Ausgangsprodukte Fe^{3+} - Ionen mit $OH\bullet$ Radikalen entstehen. Um nun wieder freie $OOH\bullet$ Radikalen zu bilden, muss das Sauerstoffradikal ein Wasserstoffatom aus H_2O_2 entnehmen. Das entstandene Wasser wird abgeführt und durch ein weiteres Entfernen von O_2 und H^+ - Atomen erhält man wieder das Ausgangsprodukt der Kette. Dieser Kreisprozess wiederholt sich (z.B. Holleman & Wiberg, 1995). Auf Professor Blumes Bildungsserver für Chemie findet man zudem noch eine vereinfachte Darstellung des Kreisprozesses (z.B. Wiechoczek, 2008)

A 8 Elektroosmotischer Widerstandskoeffizient

Der elektroosmotische Widerstand des Wassers gibt den Massenstrom her, der sich aus der polaren Anziehung zwischen Wassermolekülen und Protonen ergibt. Diese bewegen sich immer von der Anode zur Katode wie eine Brennstoffzelle auch funktioniert. Dabei steht der Koeffizient für die Anzahl der Wassermoleküle, die sich an einem Proton binden (z.B. Mench, 2008). Bei einem hohen Wassergehalt ist der Koeffizient hoch und bei einer schlechten Befeuchtung niedrig.

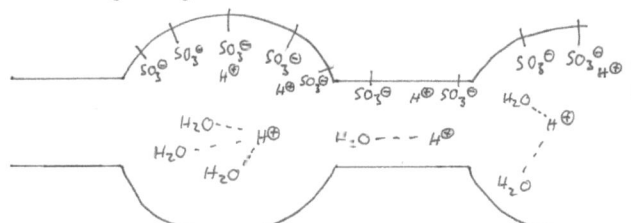

Abb. A 8: Darstellung des elektroosmotischen Widerstandskoeffizienten in Nafion® - Membranen